Arena-Taschenbuch

Band 50174

Weitere Arena Taschenbücher von Erhard Dietl:

Die Pumpernickels (Band 50173)
Erhard Dietls Kichererbsen. Die besten Witze zum Schieflachen und Weitersagen (Band 50171)
Der Kicherkönig – Noch mehr Witze zum Schieflachen und Weitersagen (Band 02296)
Knallfrösche – Die besten Tierwitze aller Zeiten (Band 02294)

Erhard Dietl,
geboren 1953 in Regensburg, studierte Graphik und lebt heute als freier Autor und Illustrator in München. Neben zahlreichen Kinder- und Jugendbüchern, die in viele Sprachen übersetzt und mehrfach ausgezeichnet wurden, veröffentlichte er CDs und ein Kindermusical.
www.erhard-dietl.de

ERHARD DIETLs

witzigste Scherzfragen aller Zeiten

Was sagt ein Floh zum anderen?

Mit Illustrationen vom Autor

Arena

MIX
Papier aus verantwortungsvollen Quellen
FSC® C110508
www.fsc.org

1. Auflage als Arena-Taschenbuch 2014

Dieses Buch ist erstmals 2006 als Originalausgabe unter dem Titel „Was sagt das Stachelschwein zum Kaktus. Die witzigsten Scherzfragen aller Zeiten“ beim Verlag erschienen.

Umschlag- und Innenillustrationen: Erhard Dietl
Umschlagtypografie: knaus. büro für konzeptionelle und visuelle identitäten, Würzburg
Gesamtherstellung: Westermann Druck Zwickau GmbH
ISSN 0518-4002
ISBN 978-3-401-50174-1

www.arena-verlag.de
Mitreden unter www.forum.arena-verlag.de

Inhalt

Elefanten – Dickhäuter im Anmarsch

Was ist grau, schäumt vor Seife und dreht sich immer im Kreis?
Ein Elefant in der Waschmaschine

*

Was muss der Elefant für eine Behandlung beim Psychiater bezahlen?
30 Euro für die Behandlung und 600 Euro für das Sofa

*

Warum haben Elefanten so einen langen Rüssel?
Damit sie Giraffen einen Kuss geben können

*

Woran merkst du, dass ein Elefant unter deinem Bett liegt?
Daran, dass du fast die Decke berührst.

*

Worin besteht der Unterschied zwischen einem Floh und einem Elefanten?
Der Elefant kann einen Floh haben, der Floh aber keinen Elefanten.

*

Wieso trompeten Elefanten?
Weil sie so schlecht Geige spielen können

*

Woran kann man erkennen, dass ein Elefant am Kühlschrank war?
Fußspuren in der Butter

*

Wie nennt man einen fliegenden Elefanten?
Jumbojet

*

Woran merkt man, dass zwei Elefanten im Kühlschrank sind?
Dass die Tür nicht mehr zugeht

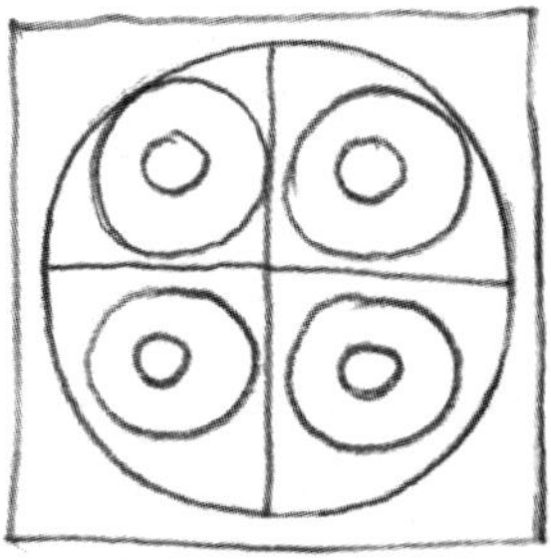

Vier Mexikaner in einer Drehtür

Warum geht man besser nicht nach sechs Uhr in den Urwald?
Weil um diese Zeit die Elefanten von den Bäumen fallen

*

Was kommt heraus, wenn man einen Elefanten mit einer Glühbirne kreuzt?
Eine hohe Stromrechnung

*

Was kommt heraus, wenn man einen Elefanten mit einem Tausendfüßler kreuzt?
Ein Erdbeben

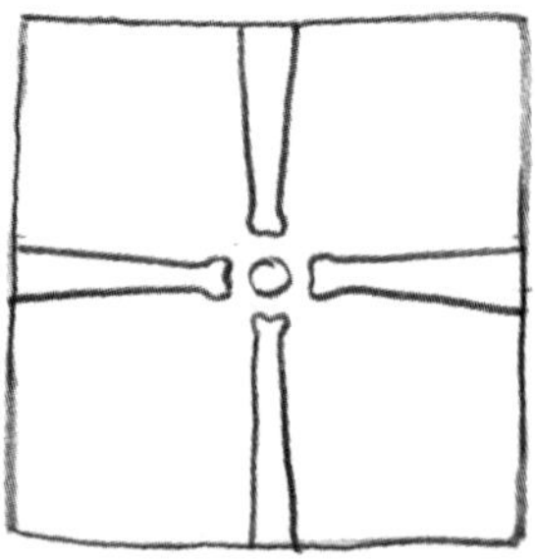

Vier Elefanten beschnuppern einen Tischtennisball.

Was ist beim Fuchs vorne, beim Elefanten in der Mitte und beim Wolf hinten?
Natürlich der Buchstabe »F«

*

Wie viele Elefanten passen in einen Jogurtbecher?
35 Stück, aber nur sehr kleine!

*

Was hat das zu bedeuten, wenn in deinem Urlaubsort drei Elefanten in rosa Hemden die Straße hinuntergehen?
Sie gehören zur selben Mannschaft.

*

Was macht der kleine Elefant, wenn er nicht mehr vom Baum herunterkommt?
Er setzt sich auf ein Blatt und wartet, bis der Herbst kommt.

*

Warum sind die Fußstapfen von Elefanten so groß?
Damit ihre Füße reinpassen

*

Was kommt heraus, wenn man einen Elefanten mit einer Spinne kreuzt?
Das merkst du, wenn es über das Dach krabbelt.

Was ist der Unterschied zwischen Maus und Elefant?
Die Maus passt in ein Brötchen.

*

Wie fängt man einen Elefanten?
Man nimmt eine Telefonzelle und ein Fahrrad und fährt zunächst nach Indien oder Afrika. Dort stellt man die Telefonzelle in der Nähe eines Elefanten auf und fährt, mit dem Fahrrad klingelnd, drum herum. Der Elefant denkt natürlich, dass das Telefon klingelt. Und weil Elefanten immer ein wenig eingebildet sind, denkt er natürlich, es wäre für ihn und geht dran. Jetzt nur noch schnell die Tür zumachen und der Elefant ist gefangen.

*

Warum können Elefanten nicht per Anhalter fahren?
Weil sie keinen Daumen haben, um die Autos anzuhalten

*

Wie bekommt man vier Elefanten in ein Auto?
Zwei vorn, zwei hinten
Wie bekommt man vier Giraffen in ein Auto?
Überhaupt nicht, weil schon vier Elefanten drinsitzen

*

Was sagt die Maus, wenn ihr der Elefant auf den Kopf getreten ist?
»Macht nichts, das hätte mir auch passieren können.«

*

Was gibst du einem Elefanten mit großen Füßen?
Viel Platz

*

Warum läuft der Elefant übers Feld?
Weil es keinen Tunnel gibt, durch den er kriechen kann

*

Was steht vor dem Schiefen Turm von Pisa und trompetet?
Ein Elefant im Urlaub

Vogel, der einen starken
Wurm erwischt hat

Wie viele Elefanten hat Moses mit auf die Arche genommen?
Es war nicht Moses, sondern Noah!

*

Ein Großwildjäger will einen Elefanten über die Grenze schmuggeln. Er hat dem Elefanten auf den Rücken und auf den Bauch ein halbes Brötchen geklebt. Was sagt er zum Zöllner?
»Man wird doch wohl noch ein belegtes Brötchen mitnehmen dürfen!«

*

Wie viele Elefanten kann man auf nüchternen Magen essen?
Nur einen, dann ist man nicht mehr nüchtern.

*

Warum schwimmt ein Elefant auf dem Rücken?
Damit seine Füße nicht nass werden

*

Wo findet man Elefanten?
Kommt darauf an, wo man sie verloren hat.

*

Was kommt heraus, wenn man einen Elefanten mit einer Motte kreuzt?
Riesige Löcher im Pullover

Was wird ein Elefant nach fünf Jahren?
Ein Elefant von sechs Jahren

*

Warum sind Elefanten so runzlig?
Weil sich keiner traut sie zu bügeln

*

Warum kann ein Elefant nicht Rad fahren?
Weil er keinen Daumen zum Klingeln hat

*

Warum läuft der Elefant über den Berg?
Weil er nicht unter ihm durchlaufen kann

Mädchen mit zu großem Luftballon

Was ist grau und leuchtet?
Ein elektrischer Elefant

*

Warum ist es unmöglich, einen Elefanten in einem leeren Sack von Aschaffenburg nach New York zu transportieren?
Weil in einem leeren Sack kein Elefant sein kann

*

Warum kann ein Elefant nicht Schlittschuh fahren?
Er hat keine Finger, um die Schnürsenkel zu binden.

*

Welche Zeit ist es, wenn ein Elefant auf dem Gartentor sitzt?
Zeit für ein neues Gartentor

Verrückte Vögel

Welches Tier sieht aus wie ein Storch und ist keiner?
Die Störchin

*

Was fliegt in der Luft und klirrt?
Spatz mit Schneeketten

*

Ruft der Kuckuck vor oder nach Pfingsten?
Er ruft immer nur »kuckuck«.

*

Welcher ist der eitelste Vogel?
Der Hahn, er hat immer einen Kamm bei sich.

*

Was ist braun, sitzt im Wald und ruft: »Kack-kack!«
Ein Kuckuck mit Sprachfehler

*

Welcher Vogel hat immer schmutzige Federn?
Der Dreckspatz

*

Warum schließt die Amsel beim Singen die Augen?
Weil sie alles auswendig kann

Welcher Vogel kann gut lesen?
Der Buchfink

*

Wann fangen junge Gänse an zu schwimmen?
Wenn sie im Wasser nicht mehr stehen können

*

Welcher König kann fliegen?
Der Zaunkönig

*

Welcher Hahn kräht nicht?
Der Wasserhahn

Große Kuh.

Wenn ein Hahn auf der Mitte eines spitzen Hausdaches sitzt und ein Ei legt, in welche Richtung rollt es herunter?
Ein Hahn legt keine Eier.

*

Welches Tier dreht sich nach seinem Tod mehrmals noch um 360 Grad?
Das Grillhähnchen

*

Es fliegt in der Luft, ist schwarz und hat zwei Beine?
Ein Rabe
Es fliegt in der Luft, ist schwarz und hat vier Beine?
Zwei Raben
Es fliegt in der Luft, ist schwarz und hat sechs Beine?
Eine Fliege

*

Welcher Vogel hat keine Federn?
Der Spaßvogel

*

Welche Stelze ist nicht aus Holz geschnitzt?
Die Bachstelze

*

Wer ist's, der seine Eltern nicht kennt, doch dauernd ihren Namen nennt?
Der Kuckuck

*

Was ist schwärzer als der Rabe?
Sein Gefieder

*

Wo liegt die Gans am wärmsten?
Im Kochtopf

*

Was ist die beste Eigenschaft beim Huhn?
Dass es die Eier legt und nicht wirft!

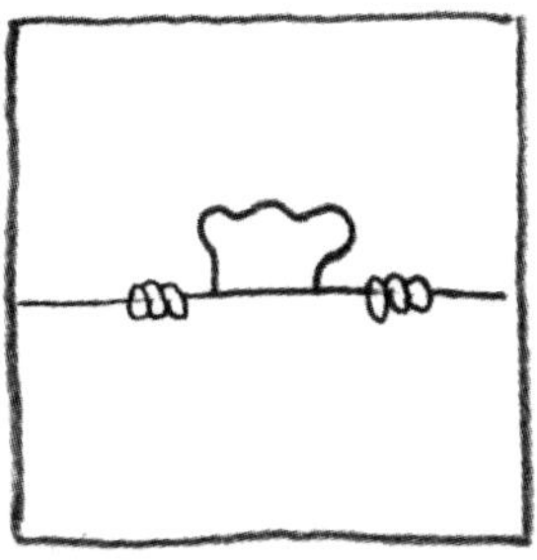

Koch hängt an einer Klippe.

Warum hat der Hahn nur zwei Augen?
Weil er keine Hühneraugen hat

*

Welches Huhn legt keine Eier?
Das Suppenhuhn

*

Auf einem Baum sitzen 13 Spatzen. Wie viele bleiben sitzen, wenn drei abgeschossen werden?
Keiner

*

Welche Vögel legen keine Eier?
Die männlichen

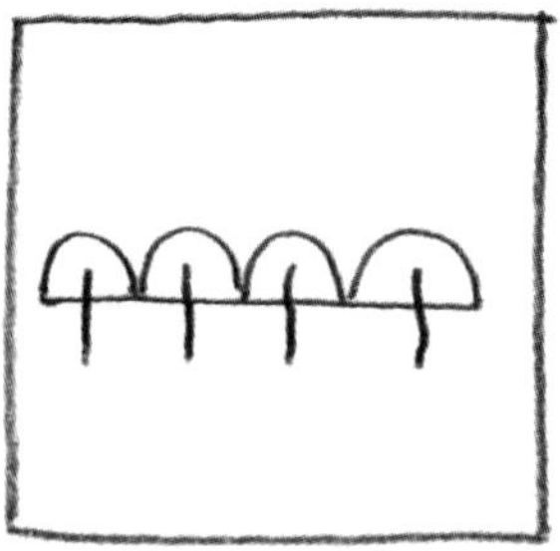

Vier Ratten vor dem Start

Wie heißt der Fink, der nicht fliegt, aber deutliche Spuren hinterlässt?

Schmutzfink

Plitsch-platsch-Wassertiere

Wie kann man einen Fisch von einem Jahr zum anderen frisch halten?
Einsalzen zu Silvester und zu Neujahr essen.

*

Wozu gehört der Hering?
Zu den Pellkartoffeln

*

Was sagt eine Sardine zur anderen?
»Rück doch mal ein bisschen!«

*

Wo schlafen die Fische?
Im Flussbett

Warum hat der Fisch keine Haare?
Weil er nichts gegen seine Schuppen tut

*

Welche Fische leben auf dem Land?
Die Silberfischchen

*

Warum können Fische nicht sprechen?
Weil sie das Maul voll Wasser haben

*

Welchen Ausruf hört der Hai am liebsten?
»Mann über Bord!«

*

Was sagt ein Tintenfisch zu seiner Freundin?
»Darf ich deine Hand, Hand, Hand, Hand, Hand, Hand, Hand, Hand halten?«

*

Welcher Fisch erblickt zweimal das Licht der Welt?
Die Ölsardine

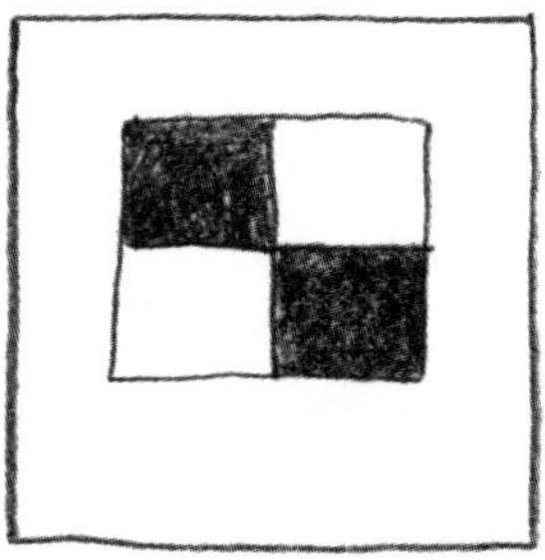

Schachbrett für Anfänger

Warum ziehen Fische Salzwasser vor?
Weil sie bei Pfeffer niesen müssen

*

Welche Fische haben die Augen am engsten zusammen?
Die kleinen Fische

*

Was macht ein Karpfen im Rhein?
Er will Chemie studieren.

*

Warum springt ein Frosch in den Tümpel, wenn es anfängt, zu regnen?
Damit er nicht nass wird

*

Welcher Fisch ist sauer, wenn man ihn verzehrt?
Der saure Hering

*

Welcher Frosch mag kein Wasser?
Der Knallfrosch (denn dann explodiert er nicht)

*

Welchen Ring trägt man nicht am Finger?
Den Hering

*

Welcher Stern steht nicht am Himmel?
Der Seestern

*

Wie kann man verhindern, dass der Fisch riecht?
Man bindet ihm einfach die Nase zu.

*

Welche Scholle ist kein Fisch?
Die Eisscholle

3-Meter-Brett von unten

Welches Tier fehlte in der Arche Noah?
Der Fisch

*

Warum haben die Fische Schuppen?
Damit sie ihre Fahrräder abstellen können

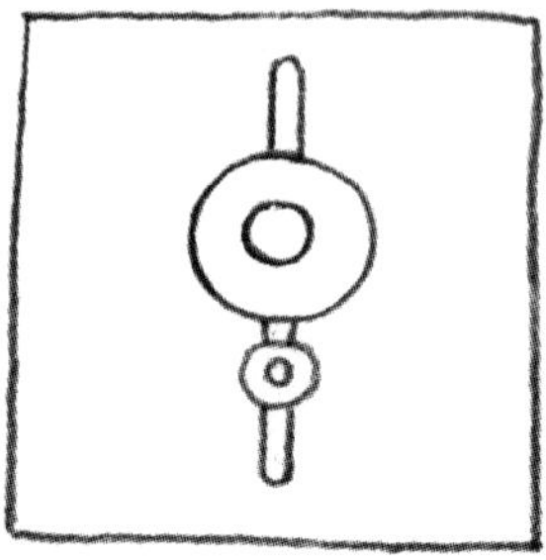

Mexikaner mit Kind auf dem Fahrrad

Die Pferde und ihre lieben Verwandten

Warum heißen Pferde »Pferde«?

Weil sie auf der Erde laufen. Würden sie fliegen, hießen sie »Pflüfte«.

*

Auf welchen Pferden kann man nicht reiten?

Auf Heu- und Seepferden

*

Wer kommt grauhaarig zur Welt?

Der Esel

*

Was ist, wenn ein Pferd auf einen Baum steigt?

Dann sitzt ein Pferd auf dem Baum.

*

Was ist, wenn drei Pferde auf einen Baum steigen?

Dann bricht der Ast ab.

*

Wann tragen Pferde Stiefel?

Wenn ein Reiter drauf sitzt

*

Warum frisst ein Esel Brennnesseln?

Weil er ein Esel ist

*

Welche Pferdchen können nicht wiehern?

Die Seepferdchen und die Heupferdchen

*

Warum kann ein Pferd kein Schneider werden?

Weil es immer das Futter frisst

*

Wie lange trägt das Pferd sein Hufeisen?

Solange es den Fuß hebt – setzt es ihn wieder, so trägt das Eisen das Pferd!

Mann im Smoking
im Aufzug eingeklemmt

Worin besteht der Unterschied zwischen dem Blitz und einem Pferd?
Der Blitz schlägt ein, das Pferd schlägt aus.

*

Welcher Reiter reitet ohne Pferd?
Der Wellenreiter

*

Was ist grau und zeigt immer nach Norden?
Ein magnetischer Esel

*

Was braucht das Auto unbedingt, was dem Pferd lästig ist?
Bremsen

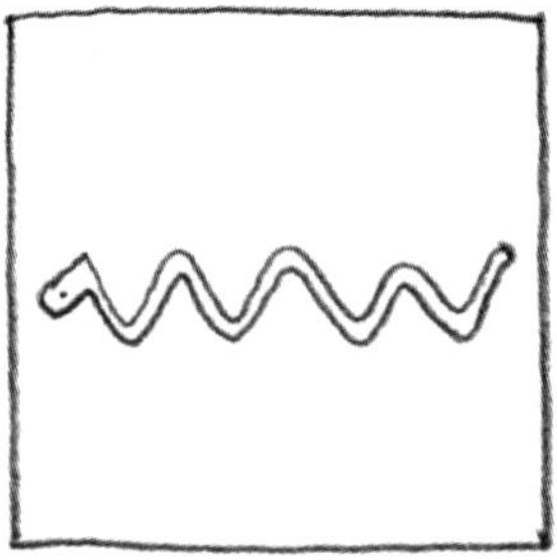

Bandwurm geht auf Zehenspitzen.

Welches ist das lustigste Tier?
Das Pferd, es veräppelt alles hinter sich!

*

Auf welchem Pferd reitet niemand?
Auf dem Steckenpferd

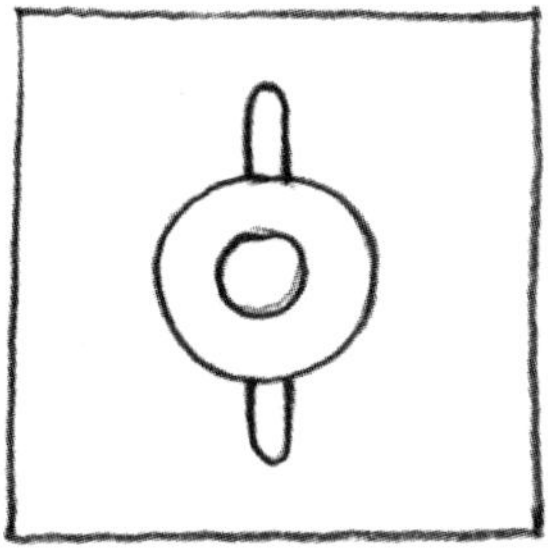

Mexikaner mit Sombrero
auf dem Fahrrad

Auf Safari

Was sagt das Stachelschwein zum Kaktus?
Bist du's, Papi?

*

Womit fängt ein Tiger an und hört ein Elefant auf?
Mit einem »T«

*

Gibt es etwas Schlimmeres als eine Giraffe mit Halsweh?
Einen Tausendfüßler mit Hühneraugen

*

Auf einer Safari stehen plötzlich ein Löwe und ein Jaguar vor dir. In deiner Pistole ist nur ein einziger Schuss. Was machst du?
Den Löwen erschießen und mit dem Jaguar nach Hause fahren

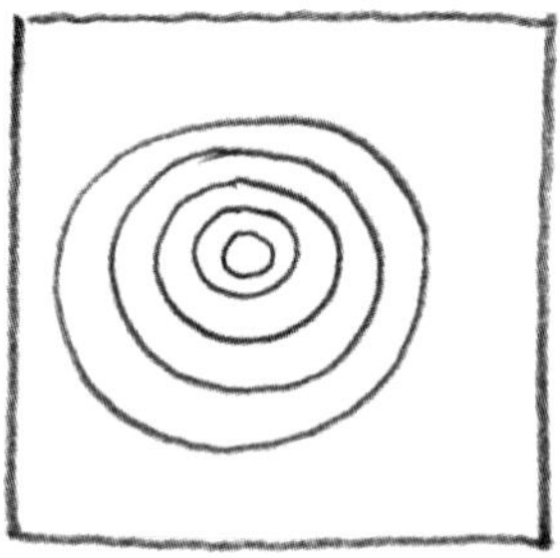

Stein, gerade ins Wasser geworfen

Warum fressen Tiger keine Kängurus?

In Australien gibt es keine Tiger.

*

Was ist der Unterschied zwischen einem Krokodil?

Zu Wasser schwimmt es und zu Land kriecht es.

*

Warum hat der Löwe so einen dicken Kopf?

Damit er nicht durch die Gitterstäbe passt

*

Warum hat das Nilpferd weiße Turnschuhe an?

Weil seine Sandalen nass geworden sind

*

Und warum schwimmt das Nilpferd jetzt nur noch auf dem Rücken?

Weil es nicht will, dass seine weißen Turnschuhe auch noch nass werden

*

Was ist der Unterschied zwischen einem weißen Tiger und einer Zitrone?

Die Zitrone ist gelb.

Was machst du, wenn du in einem Geländewagen durch den Urwald fährst und ein Löwe auf dich zugelaufen kommt?

Links blinken und rechts abbiegen

*

Wie umarmen sich zwei Stachelschweine?

Ganz, ganz vorsichtig

*

Kannst du in zehn Sekunden zehn afrikanische Tiere nennen?

Vier Löwen, vier Zebras und zwei Elefanten

Hase hinter einer Mauer

Hund, Katze, Maus

Wem bringt es Unglück, wenn ihm eine schwarze Katze über den Weg läuft?
Der Maus

*

Warum geht eine Katze in ein Bodybuilding-Studio?
Weil sie einen tollen Muskelkater kennen lernen will

*

15 Menschen und drei Hunde stehen unter einem Regenschirm. Warum wird keiner nass?
Weil es nicht regnet

*

Warum trinken Mäuse keinen Alkohol?
Weil sie Angst vor dem Kater haben

*

Was ist der Unterschied zwischen einem Hund und einem Schauspieler?
Der Hund kommt, wenn man pfeift, der Schauspieler geht.

*

Was für Haare hat ein fünfjähriger, einäugiger, lahmer Mops?
Hundehaare

Welchen Hund kauft sich Dracula?
Einen Bluthund

*

Unterschied zwischen einem Hund und einem Betrunkenen?
Der Hund findet von alleine nach Hause.

*

Was sagt man zu einem Hund, der ständig versucht sich in den Schwanz zu beißen?
Am besten gar nichts, er versteht es ja doch nicht.

*

Welcher Mops kann nicht bellen?
Der Rollmops

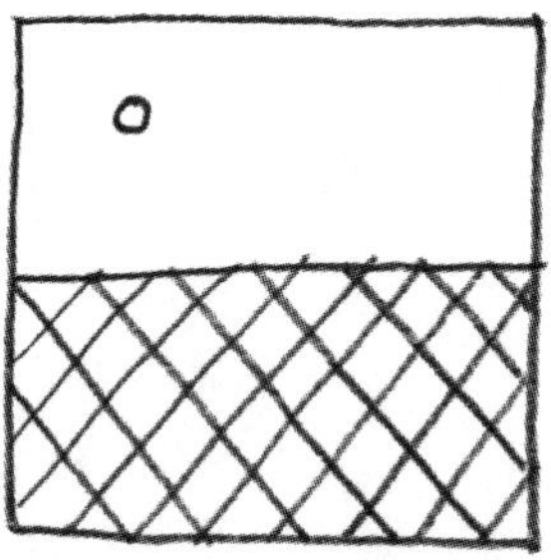

Tennisball fliegt übers Netz.

Was hat einen Kopf wie eine Katze, Augen wie eine Katze, Pfoten wie eine Katze, einen Schwanz wie eine Katze, jagt Mäuse wie eine Katze – und ist doch keine Katze?
Der Kater

*

Wie kommt eine schwarze Katze am leichtesten ins Haus?
Wenn die Türe offen ist

*

Warum wedelt der Hund mit dem Schwanz?
Weil der Schwanz nicht mit dem Hund wedeln kann

*

Welches Baby hat einen Schnurrbart?
Das Katzenbaby

Drei Giraffen gehen am Fenster vorbei.

Schweinereien und anderes vom Lande

Was kommt heraus, wenn man ein Schwein mit einem Briefkasten kreuzt?
Ein Sparschwein

*

Welches Schwein wird niemals zu Wurst verarbeitet?
Das Stachelschwein

*

Was ist der Unterschied zwischen einer Kuh und einer Milchtüte?
Milchtüten kann man besser stapeln.

*

Welches Schwein kann nicht grunzen?
Das Meerschweinchen

Kaputte Ampel

Was kommt heraus, wenn man ein Schaf mit einem Wolkenbruch kreuzt?
Eine nasse Decke

*

Was kommt heraus, wenn man einen Tausendfüßler mit einem Schwein kreuzt?
Tausend Schweinshaxen

*

Welches ist das nützlichste Tier?
Das Rindvieh; man kann alles von ihm gebrauchen: die Milch, das Fleisch, das Fell, die Hörner, die Knochen und sogar den Namen

*

Warum fressen die weißen Schafe mehr als die schwarzen?
Es gibt einfach mehr weiße

*

Welche Kuh steht nie im Stall?
Die Seekuh

*

Wer hat die dümmsten Eltern?
Das Kalb: Vater und Mutter sind Rindviecher.

*

Warum fressen Kühe mehr als Ochsen?
Weil es mehr Kühe gibt

*

Wie kann ein Bauer, der sechs Schweine hat, ein Schwein schlachten und immer noch sechs Schweine besitzen?
Er schlachtet das Schwein des Nachbarn

Elefant im Nebel

Andere Viecher

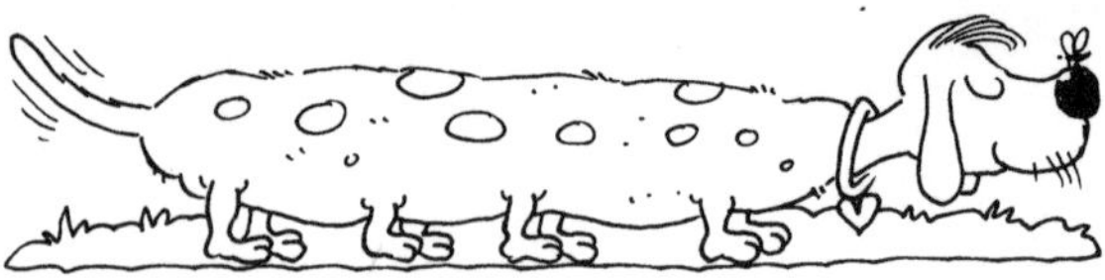

Wo sagen sich Fuchs und Hase »Gute Nacht«?
Im Freien

*

Wer hüpft auch im Winter im Hemd herum?
Der Floh

*

Wo leben in Deutschland noch Elche?
Nur noch im Zoo

*

Wie viele Flöhe gehen in einen Eimer?
Keiner. Sie springen alle sofort wieder heraus.

*

Was essen Hasen am liebsten?
Jägerschnitzel

*

Wer findet es angenehm, im Sommer in Wollmänteln zu stecken?
Motten

*

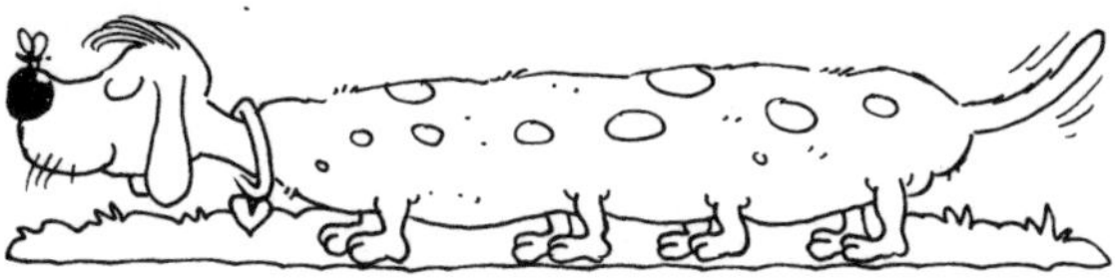

Welches Kaninchen ist eine arme Sau?
Das Versuchskaninchen

*

Was sagt der Tausendfüßler, dem zum Geburtstag neue Schuhe geschenkt werden?
«Tausend Dank!«

*

Warum jagen die Eskimos am Südpol keine Eisbären?
Es gibt dort keine Eisbären.

*

Wie kommt ein Kamel in eine Streichholzschachtel?
Du musst zuerst die Streichhölzer rausnehmen.

Maus hinter einer Mauer

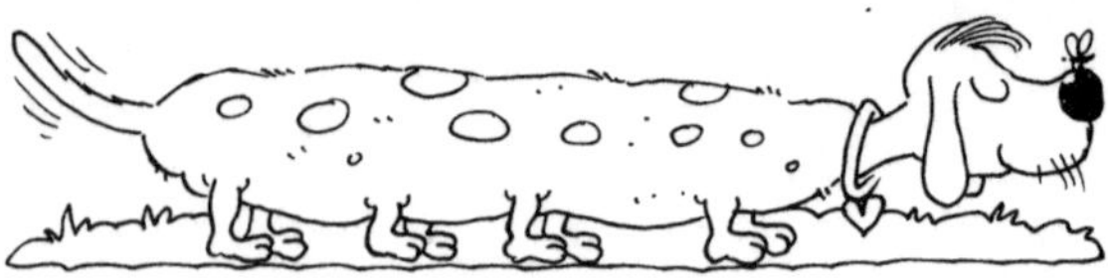

Was ist weiß und steigt aus der Erde?
Ein Maulwurf im Nachthemd

*

Was macht man mit einem grünen Dinosaurier?
Warten, bis er reif wird.

*

Welches Tier hat sein ganzes Leben lang Geburtstag?
Die Eintagsfliege

*

Was steht auf der Wiese, ist grün und mach »iah«?
Ein Storch, der den Frosch mit dem Sprachfehler verschluckt hat.

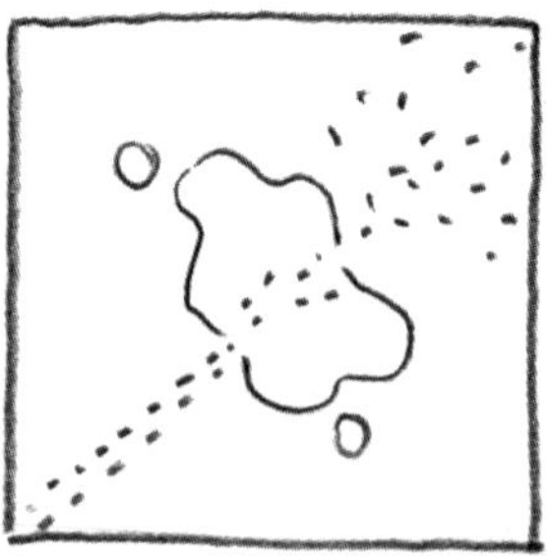

Ameisen durchqueren
einen Alkoholtropfen

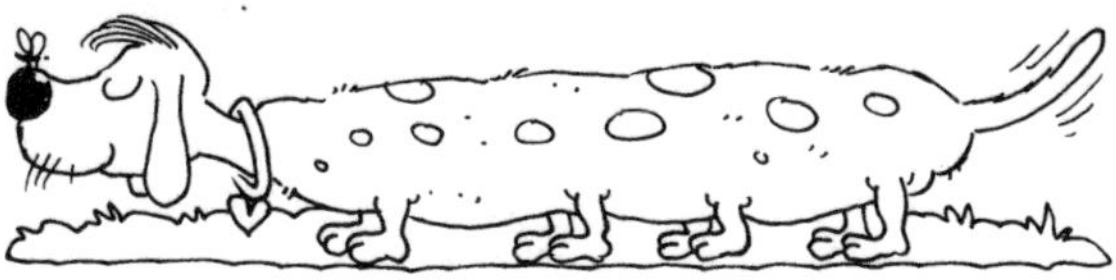

Was ist das: Es macht »Mus-mus« und fliegt herum?
Eine Biene im Rückwärtsgang

*

Wie heißt der schlaueste Wurm?
Bücherwurm

*

Was ist winziger als der Schlund einer Fliege?
Das, was die Fliege frisst.

*

Welche Schlange braucht keine Kontaktlinsen?
Die Brillenschlange

*

Was ist bei einem Frosch groß und bei einer Giraffe klein?
Das »F«

*

Welches Tier braucht nachts keine Taschenlampe?
Das Glühwürmchen

*

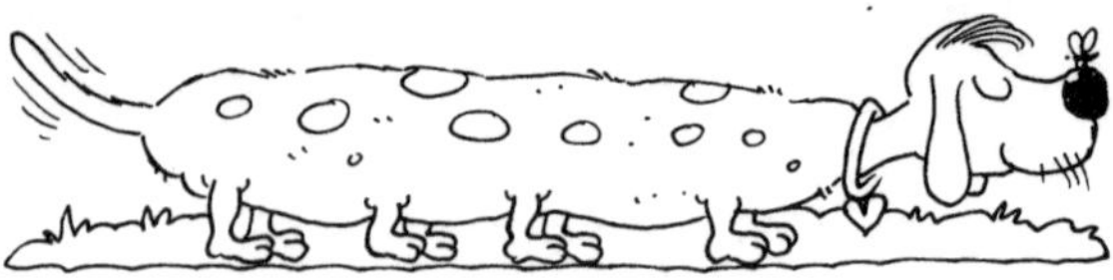

Wie erkennt man, an welchem Ende ein Wurm seinen Kopf hat?
Kitzeln und nachschauen, welches Ende grinst.

*

Wo arbeitet ein Holzwurm?
In einer Bank

*

Welche Bären brummen nicht?
Die Gummibären

*

Warum weben Spinnen ihre Netze?
Weil sie nicht stricken können

Tintenfisch soll rechts abbiegen.

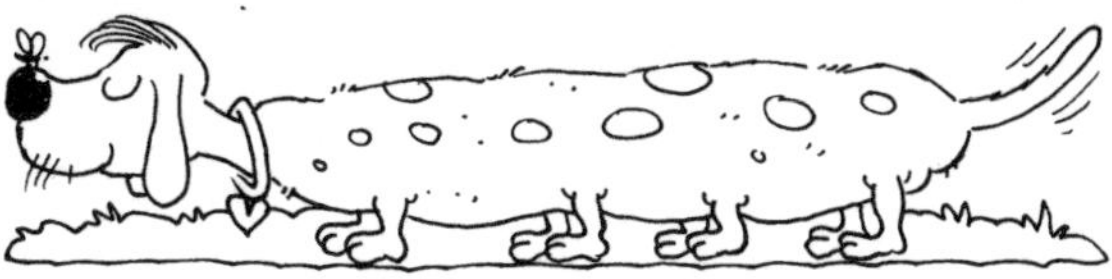

Was ist schwarz und sitzt auf einem Baum?

Ein Eichhörnchen nach einem Waldbrand

*

Warum sind Bienen wichtig für die Blumen?

Weil die Bienen um die Blumen herumfliegen, damit die Menschen sie nicht pflücken können

*

Was sagt ein Floh zum andern?

»Laufen wir oder nehmen wir einen Hund?«

*

Warum sind Bienen bei der Arbeit fröhlich?

Weil sie summen

*

Was ist unsichtbar und riecht nach Möhre?

Kaninchenfurz

*

Welche Schlange ist riesig lang und beißt nicht?

Die Autoschlange

*

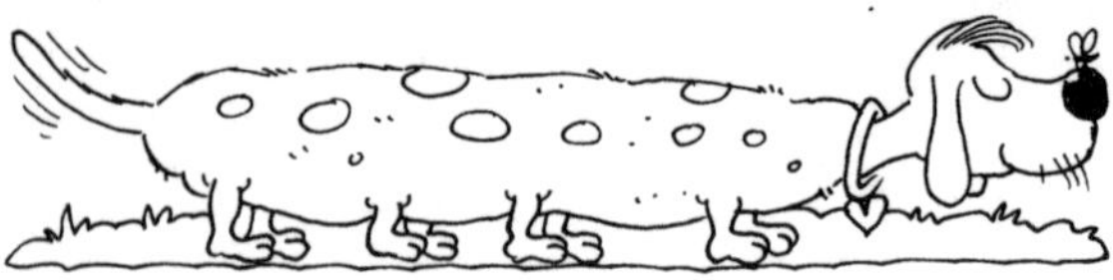

In welchem Zirkus treten keine Tiger auf?
Im Flohzirkus

*

Was gibt man einem seekranken Dinosaurier?
Viel Platz

*

Was ist schlimmer als ein Wurm in einem Apfel?
Ein halber Wurm

*

Welche Raupe frisst keine Blätter?
Die Planierraupe

Letzter Blick eines vom Hai
Verschlungenen auf die Westküste Afrikas

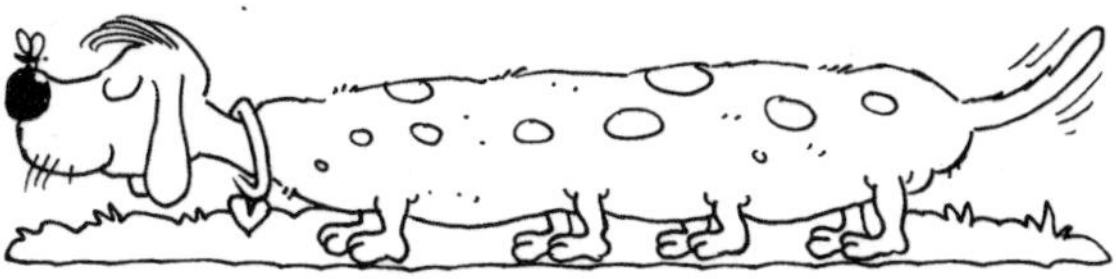

Wie kamen die Tiere in die Arche Noah?
Zu zweit

*

Welche Kröte ist bewaffnet?
Die Schildkröte

*

Welches Haus hat keine Fenster?
Das Schneckenhaus

*

Welches Tier frisst nichts?
Die Motte, sie frisst Löcher.

*

Welches Tier speist mit dem Kaiser von einer Tafel?
Die Fliege

*

Wer hat auf dem Baum sein Nest, hüpft von Ast zu Ast und kann nicht singen?
Das Eichhörnchen

*

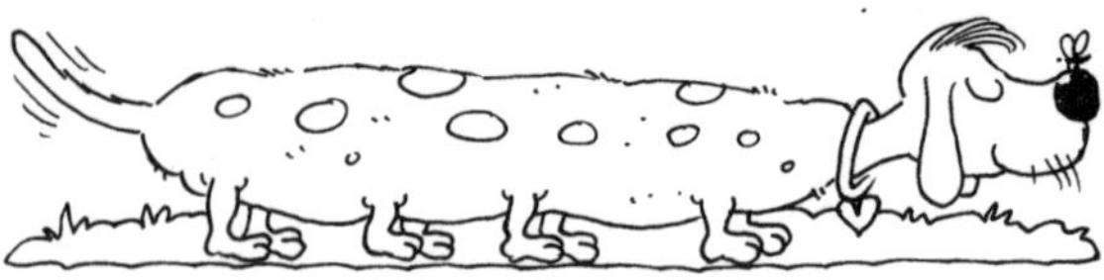

Was ist niedriger als ein Schwein, aber höher als ein Pferd?
Der Sattel

*

Wer fliegt schneller, ein Bienenschwarm oder ein ICE?
Der Bienenschwarm, ein ICE kann überhaupt nicht fliegen.

*

Welche drei Tiere sind für eine feine Dame lebensnotwendig?
Ein Nerz, ein Jaguar und ein Ochse, der alles bezahlt.

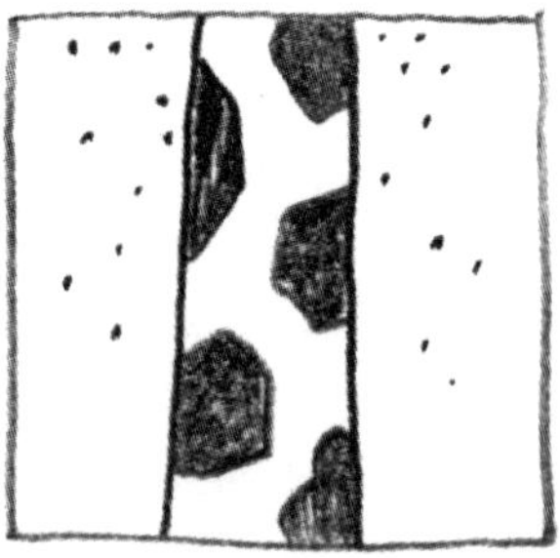

Giraffe mit Kopfschuppen

Schule kann auch spaßig sein

Welches Wort wird in der Schule meistens am lautesten geschrien?

»Ruhe!«

*

Wie stellst du dir die ideale Schule vor?

Geschlossen

*

Warum kann man Mathematik besser auf dem Mond lernen?

Weil dort alles leichter ist

*

Was ist Botanik?

Wenn etwas wächst

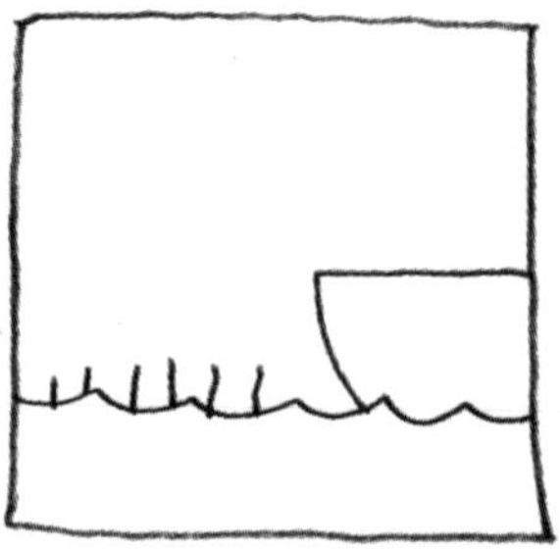

Schiff verlässt sinkende Ratten.

Warum dauern die Ferien im Sommer sechs Wochen, aber im Winter nur zwei Wochen?
Weil sich bei Hitze alles ausdehnt und bei Kälte alles zusammenzieht

*

Was ist Zoologie?
Wenn etwas herumläuft
Was ist Chemie?
Wenn etwas stinkt

*

Was ist das für ein Schüler, den man im Unterricht aufrütteln muss?
Ein aufgeweckter Schüler

Brot auf Strich

Was macht ein Lehrer, wenn er seine Schüler wie rohe Eier behandelt?
Er haut sie in die Pfanne.

*

Was machen die meisten Kinder in der Schule?
Sie warten auf das Klingelzeichen.

*

Was hat der Lehrer, wenn er in einer Hand fünf Birnen und in der anderen Hand sieben Äpfel hält?
Sehr große Hände

*

Was ist schlimmer als ein Sechser im Zeugnis?
Zwei Sechser

T mit etwas rum

Warum ist es gut, ein paar Bücher zu besitzen?
Es könnte ja mal sein, dass der Fernseher kaputtgeht.

*

Was ist die größte Leistung der Römer?
Dass sie Latein verstanden haben

*

Warum stehen manche Kinder in der Schule so oft auf?
Weil sie nicht sitzen bleiben wollen

*

Warum öffnen manche Lehrer das Fenster, wenn sie in die Klasse kommen?
Weil es gesund sein soll, bei offenem Fenster zu schlafen

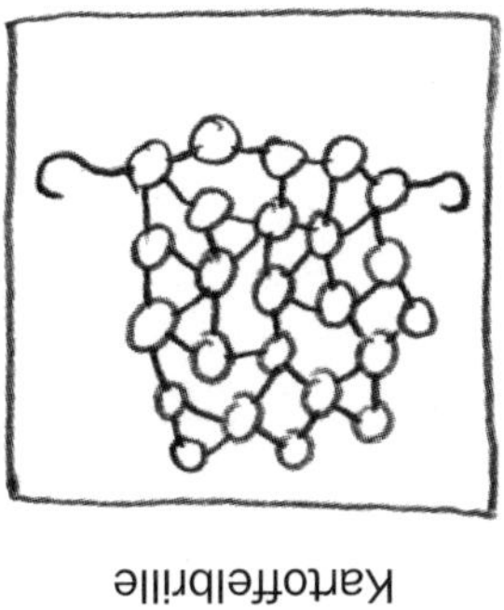

Kartoffelbrille

Andere Völker – andere Sitten

Warum gibt es in der Schweiz so viele Holzhäuser?
Weil sie alle Steine für ihre Berge gebraucht haben

*

Wann tragen Indianer keine Federn?
Wenn sie in der Mauser sind

*

Wo gibt es in Österreich die meisten Schlösser?
An Türen und Schubladen

*

Warum leben Eskimos so lange?
Weil sie nicht ins Gras beißen können

Zebra, durchs Fernglas gesehen

In welchem Monat wird im Allgäu das Heu gemäht?
In keinem, gemäht wird nur das Gras.

*

Was ist ein Kannibale, wenn er seinen Vater gefressen hat?
Satt

*

Was ist ein Kannibale, wenn er seinen Vater und seine Mutter gefressen hat?
Vollwaise

*

Was ist ein Kannibale, wenn er seine Eltern und den einzigen Bruder gefressen hat?
Universalerbe

*

Was macht ein fauler Afrikaner, wenn er Appetit auf Kokosnüsse hat?
Er bringt seine Frau auf die Palme.

*

Was isst ein frommer Kannibale, wenn er fastet?
Einen Gärtner oder einen Fischer

In welchem Monat essen die Italiener am wenigsten?
Im Februar, weil er der kürzeste ist.

*

Warum haben in Schottland so viele Schweine ein Holzbein?
Weil die Schotten wegen einem Eisbein nicht gleich das ganze Schwein schlachten

*

Welche Haut bewegt sich auf zwei Beinen?
Die Rothaut

*

Wie nennen Kannibalen ein Skelett?
Leergut

Spinne macht Handstand

Wie nennen Kannibalen einen Mediziner?
Hot Doc

*

Warum schauen die Schotten so oft über den Rand ihrer Brille?
Sie wollen, dass sich die Brillengläser nicht so schnell abnutzen.

*

Warum haben Ostfriesen einen Sturzhelm auf, wenn sie Zeitung lesen?
Weil sie glauben, sie könnten von den Schlagzeilen hart getroffen werden

*

Warum lächeln die Ostfriesen, wenn es bei Gewitter blitzt?
Sie denken, sie werden fotografiert.

*

Was machen die Regensburger bei Regen?
Sie lassen es regnen.

*

Warum kann man mit Ostfriesen nicht Verstecken spielen?
Weil die keiner sucht

Wann sagt ein Chinese »Guten Morgen«?
Wenn er Deutsch gelernt hat

*

Woran erkennt man ein schottisches Schiff?
Es hat keine Möwen!

*

Warum fahren Schotten abends in ihrer Wohnung mit dem Fahrrad um den Tisch?
Damit sie kostenlos Licht haben

*

Was sagt ein Eskimo, der vor seinem Besucher die Kühlschranktür öffnet?
»Hinein in die warme Stube!«

Einer muss den Job ja machen

Warum tragen Chirurgen Gummihandschuhe bei der Operation?
Damit sie keine Fingerabdrücke hinterlassen

*

Warum läuft die Krankenschwester auf Zehenspitzen am Arzneimittelschrank vorbei?
Sie will die Schlaftabletten nicht wecken.

*

Was ist ein Matrose, der sich nicht gerne wäscht?
Ein Meerschweinchen

*

Warum sind Köche grausam?
Sie schlagen Sahne und Eier.

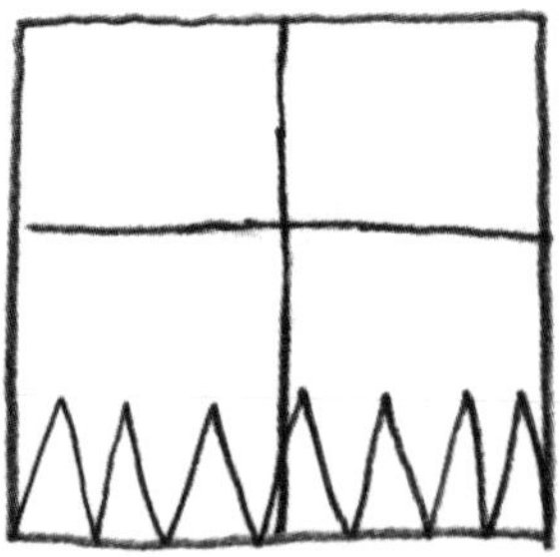

Die sieben Zwerge vor dem Fenster

Welche Geschäftsleute sollten nicht so viel auf ihre Waren draufschlagen?
Die Porzellanhändler

*

Warum zahlen manche Chefs kein dreizehntes Monatsgehalt?
Weil sie abergläubisch sind

*

Was ist höher als ein Admiral?
Sein Hut

*

Wie verdient sich ein Antiquitätenhändler sein Geld?
Indem er altes Gerümpel einkauft und wertvolle Antiquitäten verkauft

*

Was ist der Unterschied zwischen Schuster, Schüler und Schneider?
Der Schuster macht Absätze, der Schüler Aufsätze und der Schneider Einsätze.

*

Was machen Bauern, wenn es regnet?
Sie lassen es regnen.

Was setzt ein Gärtner als Erstes in seinen neuen Garten?
Seinen Fuß

*

Warum studieren Taschendiebe Modezeitschriften ganz genau?
Weil sie wissen wollen, an welchen Stellen in der nächsten Saison die Taschen sitzen

*

Was kann selbst ein Dichter nicht mit Worten ausdrücken?
Einen Schwamm

*

Was ist, wenn ein Briefträger in den Schnee fällt?
Winter

*

Wobei vertippen sich Sekretärinnen am häufigsten?
Beim Lotto

*

Was macht ein Glaser, wenn er kein Glas hat?
Er trinkt aus der Flasche.

*

Wer verdient sein Geld im Handumdrehen?
Der Drehorgelspieler

*

Wie nennt man eine Kellnerin, die nie an den Tisch kommt?
Eine Fernbedienung

*

Wer weiß am besten, was den Leuten fehlt?
Der Dieb

*

Warum hat der Jäger grüne Hosenträger an?
Damit er die Hose nicht verliert

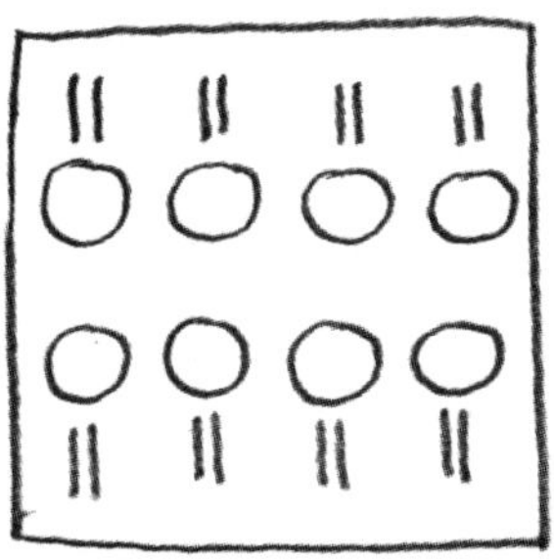

Gedeckte Tafel für chinesisches Bankett

Welches Fieber kann kein Arzt messen?
Das Lampenfieber

*

Welcher Musiker ist sicherlich ein Ochse?
Der Hornist

*

Was kann sich ein Bettler immer, ein Millionär aber nie verschaffen?
Ein Armutszeugnis

*

Wie sieht ein Anhalter aus, der Glück hatte?
Mitgenommen

U-Boot-Kommandant
lässt Drachen steigen.

Was hat ein Kommissar mit einem Fotograf gemeinsam?
Die Motivsuche

*

Erhält ein Nachtwächter, der am Tag stirbt, eine Rente?
Wie will man eine Rente erhalten, wenn man tot ist?

*

Welches sind die ungefährlichsten Täter?
Die Sanitäter

*

Was macht ein Verkehrspolizist, wenn er einen Lotto-Sechser macht?
Er kauft sich eine Kreuzung und wird selbstständig.

*

Ein Kartoffelhändler ist 53 Jahre alt, 170 Zentimeter groß, dick und rund. Was wird er wohl wiegen?
Kartoffeln

*

Sag mal Postbote ohne »o«!
Briefträger

Alles ganz natürlich!

Warum legt man sich beim Gewitter im Freien am besten flach auf den Boden?
Damit der Blitz denkt, man sei schon tot

*

Wo ist das Meer am tiefsten?
Auf dem Meeresgrund

*

Welcher Gang kann zum Untergang führen?
Der Seegang

*

Wie kann man einen Vulkan beschreiben?
Als einen Berg mit Schluckauf

Lebensmüde Fliege

Warum ist der Mond so blass?

Weil er nachts nicht schlafen kann

*

An welchem Tag ist die Sonne aufgegangen, aber nicht untergegangen

Am heutigen Tag, noch nicht

*

Woran merkst du, dass es Frühling wird?

Daran, dass euer Nachbar die Schneeschaufel zurückbringt und euren Rasenmäher ausleiht.

*

Welchen Nutzen hat eigentlich die Sonne?

Keinen, nachts scheint sie nicht und am Tag ist es sowieso hell.

*

Welche Pflanze kann man mit geschlossenen Augen erkennen?

Brennnesseln

*

Warum kann man nur bis zur Mitte in den Urwald hineinlaufen?

Weil man dann wieder herausläuft

Woran erkennt man, dass der Mond bewohnt ist?
Daran, dass Licht brennt

*

Wer nimmt auch während einer Hungersnot zu?
Der Mond

*

Was kann sich immer rundherum drehen und wird doch nicht schwindelig?
Die Erde

*

Woran merkt man, wenn es Ebbe ist?
Wenn's beim Rudern staubt

*

Was ist blau und liegt am Strand?
Eine tote Welle

*

Welches Glöckchen gibt keinen Laut?
Das Maiglöckchen

*

Welcher Zahn beißt nicht?
Der Löwenzahn

*

Was ist, wenn einer auf einen Baum klettert?
Einer weniger auf der Erde

*

Was ist, wenn ein Zweiter auf denselben Baum klettert?
Einer mehr auf dem Baum

*

Was ist, wenn ein Dritter auf denselben Baum klettert?
Dann kracht der Ast

Eine Biene führt ihrer
Freundin ihr letztes Werk vor.

Wie kann man Wasser in einem Sieb tragen?
Als Eis

*

Wie viele Leitern braucht man, um von der Erde bis zum Mars zu kommen?
Eine, sie muss nur lang genug sein.

*

Ich bin kein Feuer, doch brenn ich ungeheuer!
Die Brennnessel

*

In welchem Wald gibt es kein Laub?
Im Nadelwald

Reißverschluss mit nur noch einem Zahn

Welche Bilder kann man nur im Dunkeln sehen?
Die Sternbilder

*

Warum lassen manche Menschen nachts immer die Gartentüre offen?
Damit die Blumen frische Luft bekommen

*

Was hat Blätter und einen Rücken, ist aber weder Pflanze noch Tier?
Das Buch

*

Wo sind die höchsten Berge?
Wo die tiefsten Täler sind

Und was glaubst du?

Wer war der einzige Mensch, der sich an die Zehn Gebote gehalten hat?
Moses; er hielt die Steintafeln, auf denen die Zehn Gebote standen.

*

Was schenken sich zwei Päpste zum Geburtstag?
Nichts; es gibt nur einen Papst.

*

Was hat ein Engel, wenn er in den Mist gefallen ist?
Kotflügel

*

Wie lange blieben Adam und Eva im Paradies?
Bis zum Herbst, weil da die Äpfel reif waren.

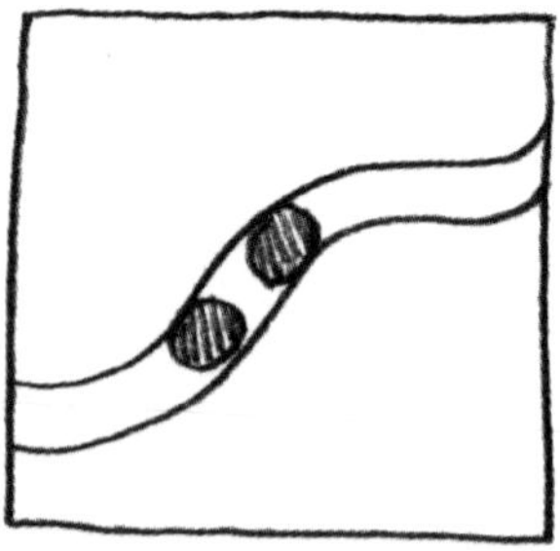

Zwei Blutkörperchen auf Hochzeitsreise

Was muss ein Mensch machen, damit er in den Himmel kommt?
Sterben

*

Was muss man tun, damit einem die Sünden vergeben werden?
Erst einmal sündigen

*

Wie heißen die drei Eisheiligen?
Langnese, Dr. Oetker und Schöller

*

Warum hat Paulus an die Korinther geschrieben?
Weil er kein Telefon hatte

*

Was ist, wenn ein sparsamer Mensch mit einer brennenden Kerze vor dem Spiegel sitzt?
Zweiter Advent

*

Was macht ein Missionar im Lendenschurz auf einem Eisberg?
Er friert.

Was sieht Gott nie, der Kaiser selten und der Bauer alle Tage?

Seinesgleichen

*

Welches Gebot kann man essen?

Das Salatangebot

*

Was hat Eva vorn und Adam hinten?

Den Buchstaben »A«

*

Welche Lichter hatte Noah auf seiner Arche?

Flutlichter

Melkschemel für Giraffen

Der Weihnachtsmann, das Christkind, der Osterhase und du treffen sich an einer Kreuzung: Wer hat Vorfahrt?
Du, die andern gibt's nicht.

Der schiefe Turm von Pizza

Früher war alles besser

Was war das letzte Wort eines Mafiabosses?
»Wer hat die Violine in meinen Geigenkasten gelegt?«

*

Wer hat die Römer im Teutoburger Wald geschlagen?
Keine Ahnung, das Spiel ist nicht übertragen worden.

*

Wer hat den Charleston erfunden?
Eine Familie mit fünf Kindern, die nur eine Toilette hatte.

*

Welches Getränk kostet heute nicht mehr als vor 20 Jahren?
Das Freibier

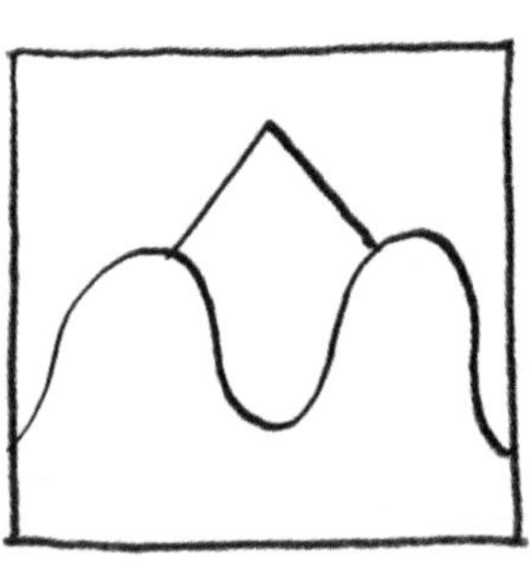

Kamel vor der Cheops-Pyramide

Was war am 6. 12. 1991?
Nikolaus

*

Ist in Frankfurt einmal ein großer Mann geboren worden?
Nein, bisher wurden nur kleine Babys geboren.

*

Wie konnten die Leute früherer Zeiten ohne Telefon leben?
Sie konnten nicht und sind deswegen gestorben.

*

Was sagte der Architekt bei der Planung des Turmes von Pisa?
»Wird schon schief gehen!«

*

Welchen Vorteil hat das Automobilzeitalter gebracht?
Die Zahl der Pferdediebstähle ging zurück.

*

Was für Haare hatten die alten Wikinger?
Graue Haare wie alle alten Leute

*

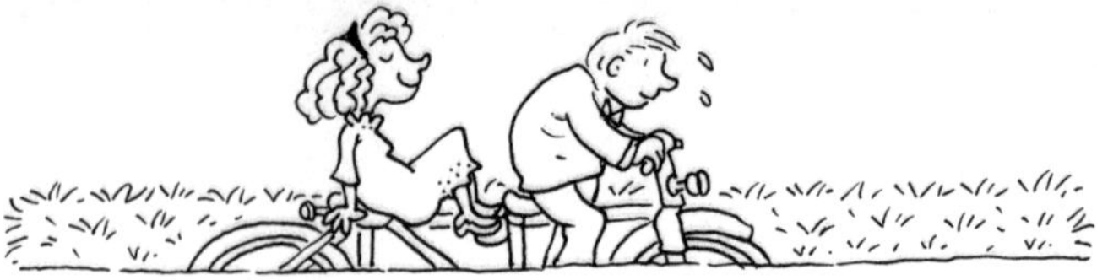

Von wann bis wann hat der klügste Mensch gelebt?

Von seiner Geburt bis zu seinem Tod

*

Wo krönt man heute noch einen König?

Auf dem Kopf

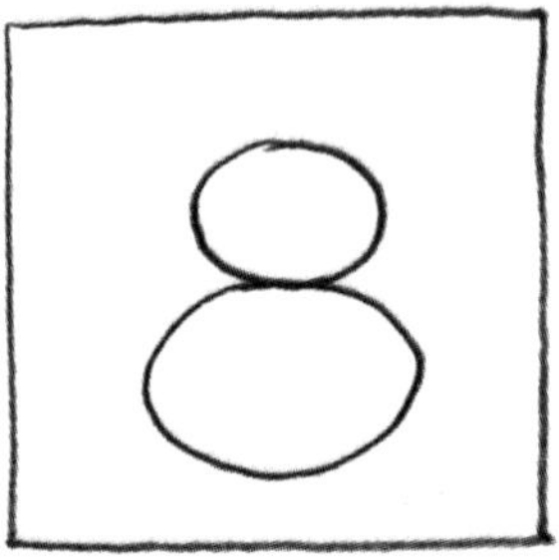

Zwei mal vier

Jetzt wird es sportlich

Was sind Strümpfe mit 18 Löchern?
Golfsocken

*

Was haben Bergwerke, Weihnachtstische und Fußballschuhe gemeinsam?
Stollen

*

Welcher Sport sollte verboten werden?
Der Denksport, weil man sich dabei den Kopf zerbrechen kann.

*

Welche Zahl ist beim Fußball die wichtigste?
Die Zahl der Tore

*

Welche Sportart sollte man nicht von Grund auf erlernen?
Tauchen

*

Wer kann höher springen als der Eiffelturm?
Seit wann kann der Eiffelturm springen?

*

Bei welchem Fußballspiel ist kein Schiedsrichter auf dem Spielfeld?

Beim Tischfußball

*

Was verliert der Gewinner eines Rennens?

Seinen Atem

*

Welcher Werfer ist kein Sportler?

Der Wasserwerfer

*

Welche Angel kann man nicht zum Angeln benutzen?

Die Triangel

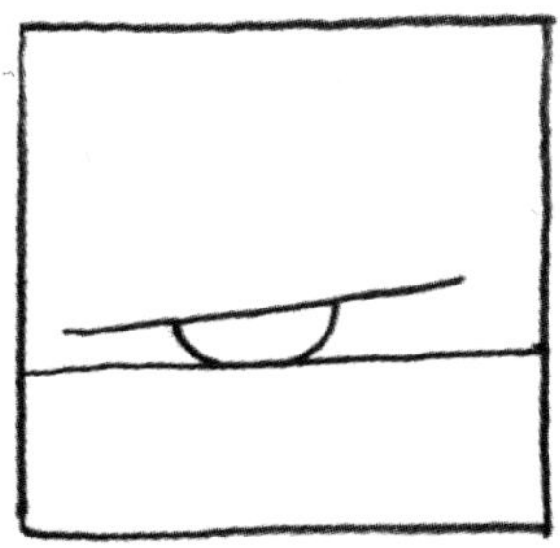

Von Anfänger serviertes Spiegelei

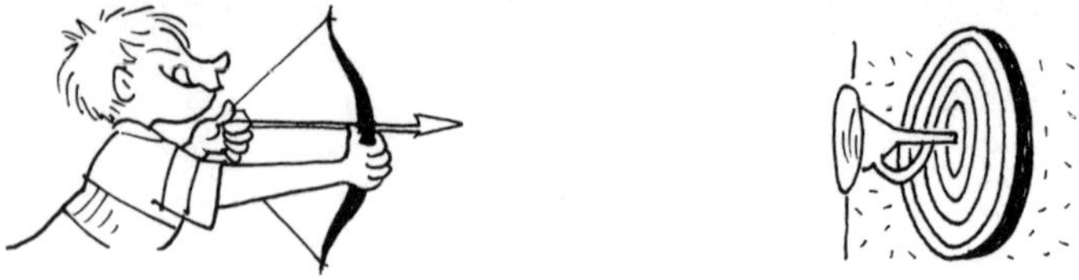

Was ist noch langweiliger als Angeln?
Beim Angeln zuschauen

*

Warum ist ein Radfahrer arm dran?
Er muss sogar die Luft pumpen.

*

Wie heißt ein Bumerang, der nicht fliegt?
Stock

20-Euro-Hamburger

Technik, die begeistert!

Warum werden parkende Autos häufig aufgebrochen?
Weil fahrende zu schnell sind

*

Was macht man, wenn man ein Loch im Boot hat, durch das Wasser eindringt?
Man bohrt ein zweites, damit es wieder abfließen kann.

*

Warum hat der Hubschrauber einen Propeller?
Damit der Pilot nicht schwitzt

*

Was versteht man unter einer Bahnunterführung?
Kein Wort, wenn der Zug drüberfährt

*

Warum haben Züge immer Verspätung?
Damit die Warteräume nicht leer stehen

*

Was hat vorne ein M, hinten ein M und dazwischen vier Räder?
Ein Auto aus München

*

Warum ist Luft für Menschen so wichtig?
Damit die Autoreifen aufgepumpt werden können

*

Was ist ein Geisterfahrer?
Ein höflicher Autofahrer, weil er sehr entgegenkommend ist.

*

Warum wird das Fernsehen niemals die Zeitung verdrängen?
Weil man mit dem Fernseher keine Fliegen totschlagen kann

*

Was ist ein Optimist?
Einer, der den Fernseher einschaltet, weil ihn das Radio langweilt

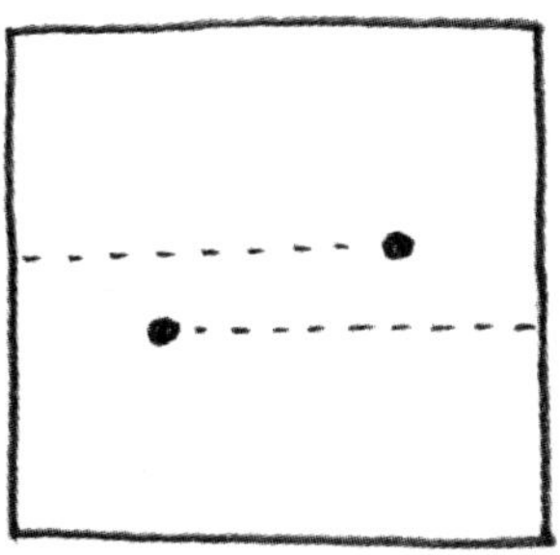

Duell

Wer kann ohne Seil oder Fallschirm von einem 50 Meter hohen Turm springen?
Jeder; aber nur einmal.

*

Was gibt es in der Sahara?
Viele Parkplätze

*

Welche Zeit ist es, wenn die Uhr 13 schlägt?
Es ist Zeit, sie zu reparieren.

*

Was unterscheidet einen Kühlschrank von einem Fernseher?
Im Kühlschrank gibt es Frisches, im Fernseher nur Konserven.

Nackter Mann versteckt sich hinter einem Grapefruit-Haufen.

Was ist bei einem Flugzeugabsturz besser als Geistesgegenwart?
Leibesabwesenheit

*

Was muss man tun, bevor man aus einem Zug aussteigen kann?
Einsteigen

*

Warum gibt es Fahrpläne, wenn die Züge doch Verspätung haben?
Damit man weiß, dass sie Verspätung haben

*

In welcher Richtung raucht der Dampf einer E-Lok, wenn sie mit 100 Stundenkilometer nach Westen fährt?
In keine Richtung. Eine E-Lok kann nicht dampfen.

*

Ein gefräßiges Maul, ein feuriger Bauch, das macht warm. Was ist das?
Der Ofen

*

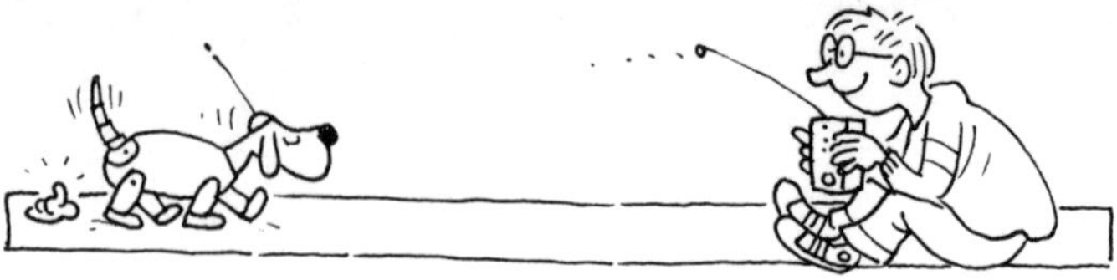

Was ist braun, nachtaktiv und wird in den Tank gebracht?
Der Diesel

*

Du bist Busfahrer.
Du befährst eine Linie, die aus fünf Stationen besteht.
An der ersten Station steigen 15 Personen ein.
An der zweiten 13 ein und 18 aus.
An der dritten wiederum zehn aus.
An der vierten steigen neun Leute ein und einer aus.
An der fünften Station steigen vier Leute aus.
Wie alt ist der Busfahrer?
Keine Ahnung ☺

*

Was haben Eisenbahnzüge und Gardinen gemeinsam?
Die Schienen

*

Was ist gelb und kann nicht schwimmen?
Ein Bagger

*

Im Sommer sieht mich keiner an, im Winter liebt mich jedermann. Was ist das?
Die Heizung

Du sitzt in einem Auto und fährst konstante Geschwindigkeit. Links von dir befindet sich ein Abhang, rechts von dir ein Feuerwehrauto, welches genau dieselbe Geschwindigkeit wie du fährst. Vor dir reitet ein Schwein, das eindeutig größer ist als dein Auto. Dich verfolgt ein Hubschrauber auf Bodenhöhe. Der Hubschrauber und das Schwein haben exakt dieselbe Geschwindigkeit wie du. Was unternimmst du, um dieser Situation gefahrlos zu entkommen?

Warte, bis das Karussell anhält, und steig einfach ab!

*

Welche Bahn kommt nie zu spät?

Die Geisterbahn

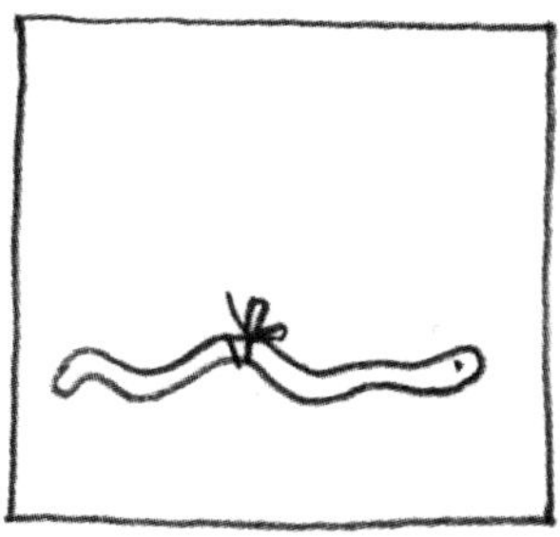

Vergesslicher Wurm

Ran ans Essen!

Warum ist Butter so fett?
Damit sie nicht quietscht, wenn man sie aufs Brot schmiert

*

Was sind die lustigsten Nahrungsmittel?
Die ausgelassene Butter und die Kichererbsen

*

Wie verteilt man 17 Äpfel gerecht unter fünf Kindern?
Man kocht Apfelmus.

*

Wer hat es bequemer, der Tee oder der Kaffee?
Der Kaffee, er kann sich setzen, der Tee muss ziehen.

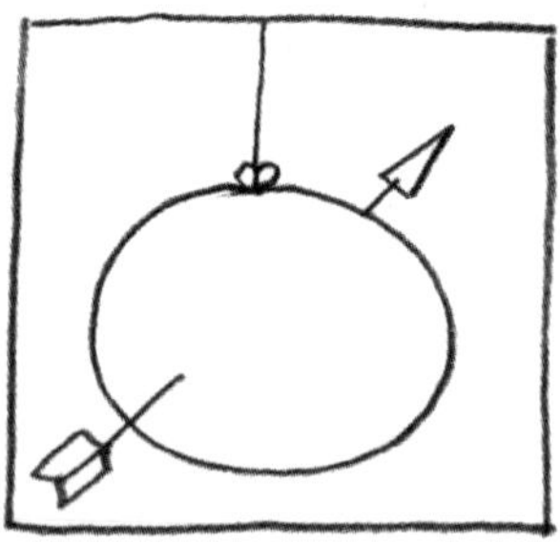

Tapferer Luftballon

Warum kaufen sich Kinder eigentlich Eis?
Weil sie es nicht umsonst bekommen

*

Wann fällt ein Brot nicht auf die bestrichene Seite?
Wenn man es festhält

*

Wer schießt auch ohne Gewehr?
Der Salat

*

Wie kann man ein Glas austrinken, ohne es zu berühren?
Mit einem Strohhalm

*

Wie lautet der Vorname vom Reh?
Kartoffelpü!

*

Wo geht nachts das Licht hin?
Schau doch mal im Kühlschrank nach!

*

Was ist das: Es ist rot und fährt immer rauf und runter?
Eine Tomate im Aufzug

*

Wer hat sein Herz im Kopf?
Der Kopfsalat

*

Wann ist die richtige Zeit, Kirschen zu ernten?
Wenn der Nachbar schläft und sein Hund nicht im Garten ist

*

Was ist die Mehrzahl von Rettich?
Mehrrettich

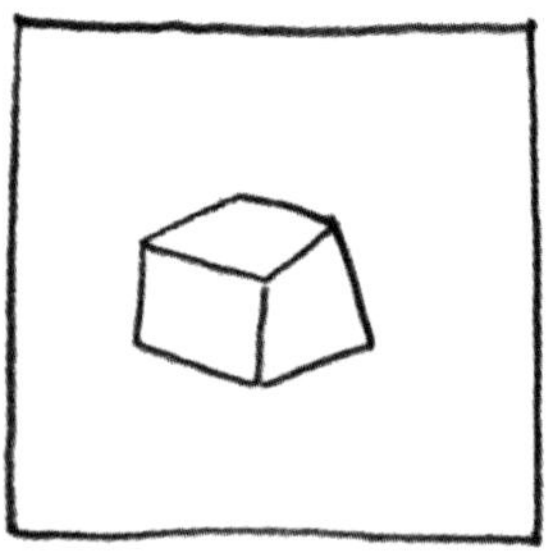

Tennisball
(fehlerhaftes Stück)

Wo schmecken die Spagetti am besten?
Auf der Zunge

*

Was ist weich, gelb und klebrig?
Ein Omelette auf einem Plattenspieler

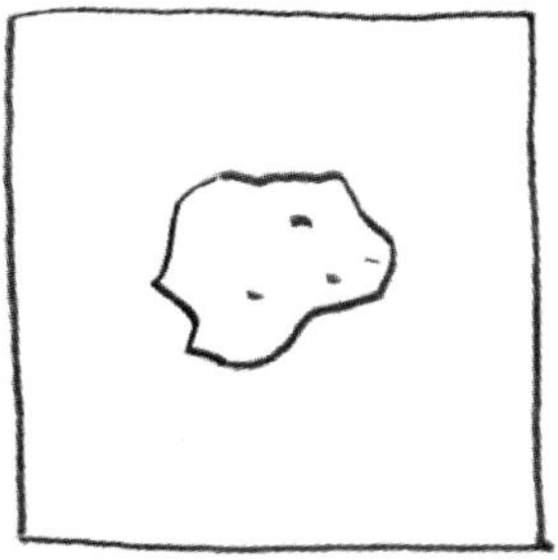

Cornflake (ohne Milch)

Allzu menschlich

Was haben kleine Babys mit gefrorenem Wasser gemeinsam?
Sie können beide nicht laufen.

*

In welchem Monat kommen die meisten Kinder zur Welt?
Im neunten Monat

*

Welcher Mensch kann 100 Jahre alt werden und seinen Geburtstag nur 25-mal gefeiert haben?
Derjenige, der am 29. Februar geboren wurde.

*

Was ist ein Mensch, der immer Ordnung hält?
Zu faul zum Suchen

*

Wo kannst du immer eine helfende Hand finden?
Am Ende deines Arms

*

Welches sind die wichtigsten Krankheiten?
Die Hautkrankheiten, denn sie geben den Ausschlag

*

Was wäre, wenn es keine Nasen gäbe?
Dann würde es nur Hals-Ohren-Ärzte geben

*

Was ist ein Erwachsener?
Ein Mensch, der nur noch in die Breite weiterwächst.

*

Welche Menschen sind am friedfertigsten?
Menschen mit Glatzen; sie liegen sich nie in den Haaren.

*

Wer kennt seine Frau nicht?
Der Junggeselle

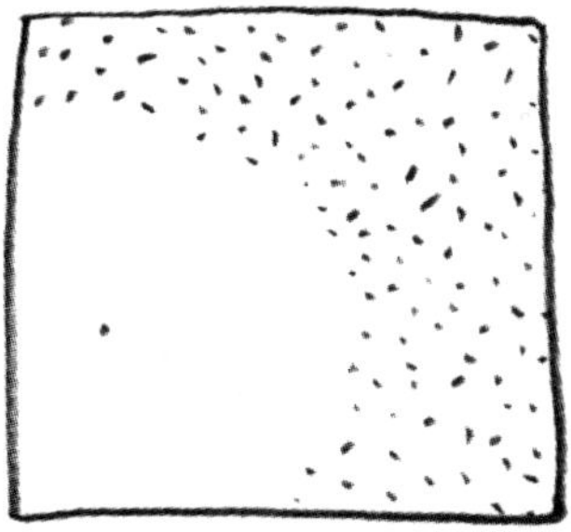

Bazillen distanzieren sich
von einem Kollegen, der
Penicillin erwischt hat.

Was will jeder werden, aber nicht sein?
Alt

*

Warum sind die größten Leute die faulsten?
Weil sie am längsten liegen bleiben

*

Warum gibt es eine »Muttersprache« aber keine Vatersprache?
Weil Väter eh nichts zu sagen haben . . .

*

Welche Sprache spricht man in der Sauna?
Schwitzerdeutsch

*

Er gehört dir, aber die anderen gebrauchen ihn häufiger als du selbst?
Dein Name

*

Ist es möglich, dass sich ein Mensch mit seinem rechten Auge in sein linkes Auge sehen kann?
Ja, im Spiegel

Was haben Klatschgeschichten und Küsse gemeinsam?
Sie gehen von Mund zu Mund.

*

Kann ein 80-Jähriger seinen Geburtstag nur 20-mal feiern?
Ja, warum denn nicht?

Tomatensandwich, von
Anfänger zubereitet

Mischmasch

Warum bekommen Schuhe mit der Zeit schiefe Absätze?
Weil die Erde rund ist

*

Wie ziehst du dich an einem kalten Tag an?
Schnell

*

Was gehört zu einem gut geputzten Schuh?
Der zweite Schuh

*

Welches Kleidungsstück hat die meisten Abnehmer?
Der Hut

*

Wo ist man erst drinnen, wenn man mit den Füßen wieder draußen ist?
In der Hose

*

Was soll einer machen, der träumt, dass er von einem Monster verfolgt wird?
Aufwachen

*

Wann ist ein Narr am klügsten?
Wenn er schweigt

*

Wann geht der nach Hause, der über Nacht ausbleibt?
Früh

*

Was kann man tun, damit man tiefer schläft?
Sich auf den Boden legen

*

Warum lassen sich manche Leute nie ihren Ausweis verlängern?
Weil sie die jetzige Größe ganz praktisch finden

Reiche Sardine in Privatbüchse

Warum sitzt ein Mörder?

Weil er gestanden hat

*

Wo kommt die Hochzeit vor der Verlobung?

Im Wörterbuch

*

Wie kann man am besten ein Geschäft aufmachen?

Mit dem Brecheisen

*

Wie viele Heuhaufen ergeben vier Heuhaufen und drei Heuhaufen zusammen?

Einen großen Heuhaufen

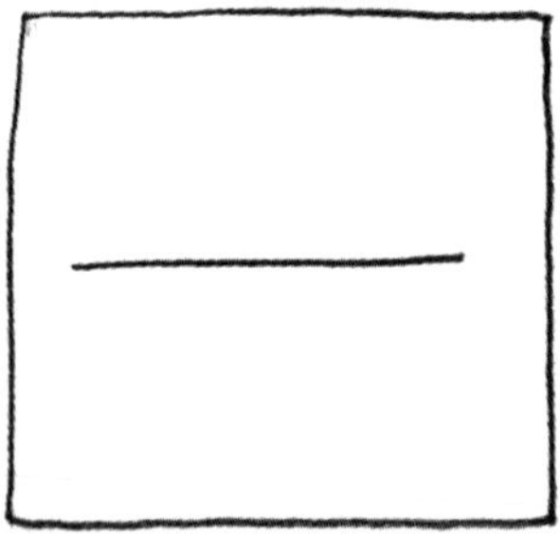

Unanständige französische
Postkarte (Seitenansicht)

Wo liegen die Bermudas?
Frag Mutter, die räumt immer auf!

*

Auf welchen Fotos sieht man am jüngsten aus?
Auf den ältesten

*

Was sagt eine Wand zur anderen?
»Wir treffen uns an der Ecke!«

*

Was ist der Unterschied zwischen einem Klavier und einer Flöte?
Auf dem Klavier kann man ein Bier abstellen

*

Warum laufen Dudelsackspieler beim Musizieren fast immer?
Weil bewegliche Ziele schwerer zu treffen sind

*

Wie kommt man zur nächsten Bushaltestelle, wenn es regnet?
Mit nassen Schuhen

Was ergibt vier mal sieben?
Feinen Sand

*

Wem steht das Wasser bis zum Hals?
Demjenigen, der in der Badewanne sitzt.

*

Welche Frage kann nie mit Ja beantwortet werden?
Die Frage »Schläfst du schon?«

*

Was ist der Unterschied zwischen einem Saxofon und einem Sack Zement?
Blas rein, dann siehst du's!

Schnecke gibt eine Hausparty

Was ist ein sehr unruhiges Kleidungsstück?
Die Strampelhose

*

Was ist der Unterschied zwischen einem Schaukelstuhl und einem Nadelkissen?
Setz dich drauf, dann merkst du's!

*

Was ist der Unterschied zwischen einer Zahnbürste und einer Klobürste?
Wenn du das nicht weißt, wie geht es denn dann bei euch zu Hause zu?

*

Wer springt von Baum zu Baum und ist weiß?
Tarzan im Nachthemd

*

Was hat der Arme, was der Reiche nicht hat?
Nichts

*

Warum baut man neue Häuser?
Weil man keine alten bauen kann

Was wird durch Waschen schmutzig?
Das Wasser

*

Wenn man von vier brennenden Kerzen eine ausbläst, wie viele bleiben übrig?
Eine! Denn die anderen drei brennen ab.

*

Was wird kürzer, obgleich man immer daran zieht?
Zigarette

*

Was wird immer länger, wenn es vorne kürzer wird?
Der Weg

Was hängt mit verbranntem Hintern an der Wand?
Die Pfanne

*

Was ist der Unterschied zwischen einem Cello und einem Klavier?
Ein Klavier brennt länger.

*

80 Schornsteine plus fünf Schornsteine plus acht Schornsteine minus sieben Schornsteine. Was kommt da heraus?
Rauch

*

Was macht vor dem Fernseher weniger Spaß als im Theater?
Das Husten

*

Was kann ein Stuhl mit drei Beinen nicht?
Wackeln

*

Wenn einer um die Ecke geht, ist er . . .?
Weg

Tintenfisch gibt seiner Frau einen Abschiedskuss.

Warum benötigen viele Unterhaltungssendungen eine Wurmkur?
Weil sie von der Kritik madig gemacht werden

*

Wer kann auch ohne Füße springen?
Der Springbrunnen

*

Welche Gaben begeistern niemanden?
Die Ausgaben

*

Wenn man ein Taschentuch ins Rote Meer wirft, wie angelt man es wieder heraus?
Nass

*

Was fällt durch eine Fensterscheibe, ohne sie zu zerbrechen?
Der Sonnenschein

*

Kann ein Mann, der westlich von New York lebt, auch westlich vom Mississippi begraben sein?
Wie will er dort begraben sein, wenn er ja westlich von New York lebt?

Wie nennt man einen intelligenten Toilettenbesucher?
Klugscheißer

*

Was ist klein, rot und dreieckig?
Ein kleines rotes Dreieck

*

Was ist, wenn Anna ins Wasser fällt?
Ananas

*

Ein Mann betritt einen dunklen Raum. Im Raum sind eine Kerze, eine Öllampe und ein Kamin. Was zündet er zuerst an?
Ein Streichholz

Skisprung (vom Springer aus gesehen)

Was ist ein eisenhaltiges Abführmittel?
Die Handschelle

*

Einige Monate haben 30, andere 31 Tage. Doch wie viele haben 28 Tage?
Alle (jedenfalls mindestens)

*

Was hört ohne Ohren, spricht ohne Mund und redet in allen Sprachen?
Das Echo

*

Wer hat 21 Augen und kann doch nicht sehen?
Der Würfel

*

Hans träumt, seine beiden Freunde seien von einer Brücke ins Wasser gefallen. Beide zugleich kann er nicht retten, was soll er tun?
Aufwachen

*

Was ist längst fertig und wird doch immer wieder neu gemacht?
Das Bett

Was wird bis obenhin gefüllt und bleibt doch leer?
Der Luftballon

*

Welches Dorf ist eine Stadt?
Düsseldorf

*

Wo muss man stehen, wenn man in alle Richtungen schaut und dabei immer nach Süden blickt?
Am Nordpol

*

Was ist ein Sattelschlepper?
Ein Cowboy, dem das Pferd abgehauen ist.

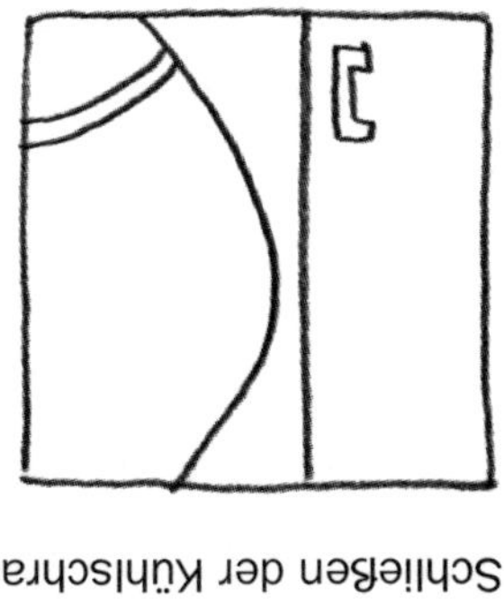

Hausfrau (ohne freie Hand)
beim Schließen der Kühlschranktür

Warum können Gespenster so schlecht lügen?
Weil sie so leicht durchschaut werden können

*

Warum reiten Hexen auf Besen?
Ein Staubsauger wäre zu schwer.

Mondfinsternis über
dem Schwarzen Meer

Bauernweisheiten

Ist die Luft heut klar und trocken,
wäscht der Bauer seine Socken!

*

Im Märzen geht der Bauer säen,
da freuen sich die Nebelkrähen.

*

Das gesamte Lehrertum
haut den stärksten Schüler um.

*

Wenn morgens früh der Wecker schrillt,
wird nicht nur der Bauer wild.

Fertighaus (schlecht montiert)

Silvester fließen Bier und Wein,
der Bauer küsst sein Lieblingsschwein.

*

Wenn der Schnee im Frühjahr taut,
dem Bauern vor der Arbeit graut.

*

Kracht das Eis,
wird's bald heiß!

*

Sprießt das Getreide schon im März,
lacht dem Bauern gleich das Herz.

*

Man sehe und man staune:
Die Kuh hat gute Laune!

*

Auf diesem Sockel
stand ein Gockel.

*

Krah, krah! – das war sein letztes Wort –
er nun in der Pfanne schmort.

*

Nach einem Monument aus Erz
sehnt sich des Hühnchens zartes Herz.

*

Sieh da, eine Träne rollt –
mir scheint, das kleine Schweinchen schmollt!

*

Im warmen, weichen Sommergras
der Bauer heut sein Schnitzel aß.

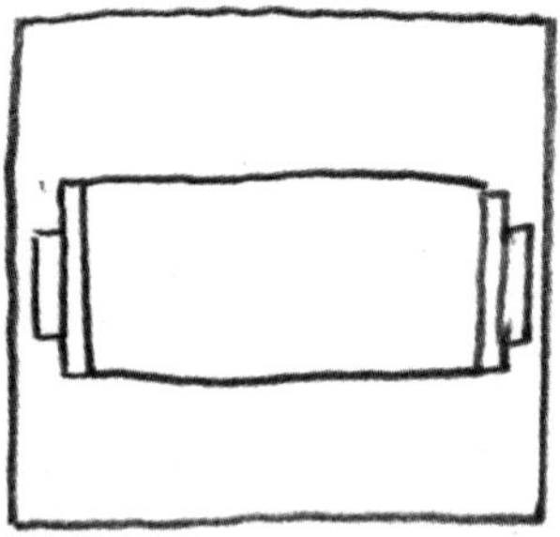

Gebügeltes Akkordeon

Des Hühnchens Stolz, das ist sein Ei –
Ich bin ein Hahn und brat mir zwei.

*

Alle Hühner wissen schon:
Kochtopf heißt die Endstation.

*

Es ringelt sich dem Schwein der Schwanz
vor Freude, wenn es Tango tanzt.

*

Man wundert sich und glaubt es kaum –
Kartoffeln wachsen hier vom Baum!

*

Im Abendlicht am Waldesrand
der Bauer in der Pfütze stand.

*

Auf der Wiese steht die Kuh
und trägt sehr schöne, neue Schuh.

*

Ein Gänserich schrie laut »Hurra!«,
als er den Metzger stolpern sah.

*

An Weihnachten freut sich das Schwein –
denn es darf Knecht Ruprecht sein.

*

Das Schwein heißt Emma und es hat
des Bauern Launen gründlich satt.

*

Hast du im Kopf nur Heu und Stroh,
macht dich das garantiert nicht froh.

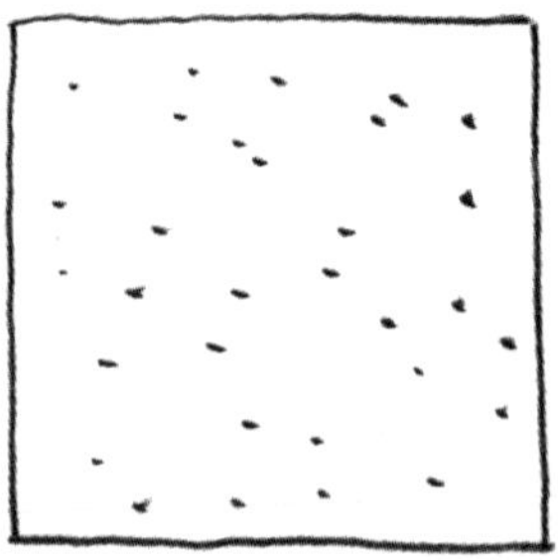

Masern warten auf Patienten.

Beim Bad in Bach und Pfütze
ist kleidsam eine Mütze.

*

Der Hase kreucht, der Vogel fleucht –
wenn man sie vom Acker scheucht.

*

Unter seiner Haube
fehlt dem Bauern eine Schraube.

*

Aus diesem Wasser ragen
des Bauern Kopf und Kragen.

*

Bei solchem Wind und Wetter
ist es im Bett doch netter!

*

Steht der Bauer auf der Leiter,
sieht er schon: Es geht nicht weiter.

*

Nässt der Regen deinen Hut,
bleib ruhig, gerate nicht in Wut!

*

Es sitzt, oh Graus, oh Tücke,
auf der Nase eine Mücke!

*

Der Bauer ist ein braver Mann,
man sieht's ihm schon von weitem an.

*

Des Bauern neuer Schlips und Hut
stehn ihm nicht besonders gut.

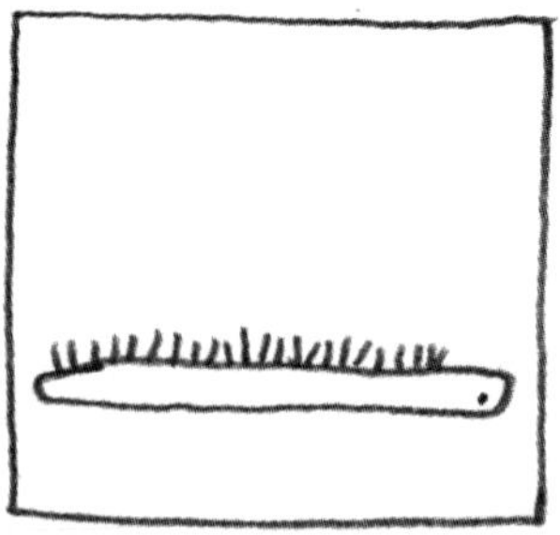

Schlafender Tausendfüßler

Die Sonne schon im Westen steht,
der Tag nun bald zur Neige geht.

*

Der Bauer schlägt die Mücke
voller Wut in Stücke.

*

Der Bauer rät: Sei auf der Hut
vor des Schweines Übermut!

*

Der Schneemann ist ein kalter Mann,
den man im Schnee schlecht sehen kann.

*

Wild entschlossen springt der Fisch
mit einem Satz vom Küchentisch.

*

Mit Turban und mit Binder
garniert sich gern der Inder.

*

Bei Herbstwind und bei Regensturm
frohlockt allein der Regenwurm.

*

Dass Hühner gute Schwimmer sind,
weiß bei uns bald jedes Kind.

*

Es rötet sich vor Kummer
im Topf der arme Hummer.

*

In der Pfütze bleibt ein Socken,
wie man weiß, nun mal nicht trocken.

*

Dies ist kein Hund, dies ist kein Pfau –
dies ist des Bauern Lieblingssau.

*

Es kitzelt ihn am rechten Ohr –
der Bauer grad ein Haar verlor

*

Für kalte Tage ein Pfund Sonne
fängt der Bauer in der Tonne.

*

Mit viel Mut und mit viel Kraft
trinkt der Bauer Hustensaft.

*

Wenn du mal an etwas leidest,
dann sieh zu, dass du es meidest!

*

Siehst du eine solche Tatze,
ist nicht weit davon die Katze!

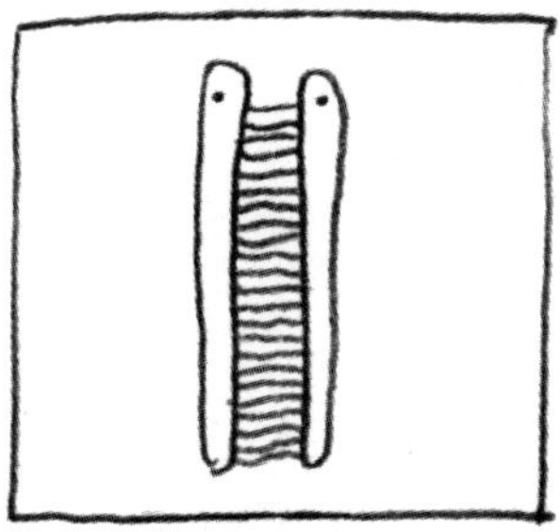

Tausendfüßler beim Händeschütteln

Wenn du solche Tannen siehst
ist es zu spät, dass du sie gießt!

*

Es beißt ein Dackel ohne Gnade
den Bauern in die rechte Wade.

*

Voll Kühnheit, Stolz und Mut
trägt der Bauer seinen Hut.

*

Im Mai, da geht mit frischer Kraft
das Hühnchen auf die Wanderschaft.

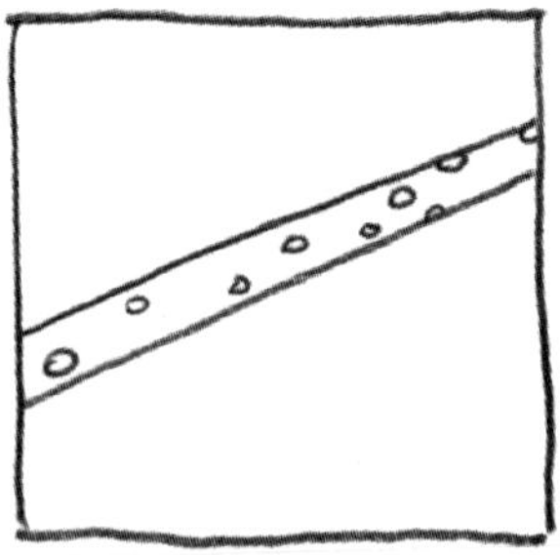

Wurmstichige Spagetti

Im August ein Regenschauer,
so gefällt es Tier und Bauer.

*

Auch wenn es voller Unschuld schaut –
das Schwein hat sich ein Ei geklaut.

*

Ganz hoch oben auf der Tenne
sitzt der Hahn und rupft die Henne.

*

Bei Schweinebauch und Sauerkraut
küsst der Bauer seine Braut.

*

Der Hase hoppelt – hopp, hopp, hopp –,
verteilt die Eier im Galopp.

*

Es saßen still am Waldesrand
Hahn und Hühnchen Hand in Hand.

*

Gestern ist das Schwein erkrankt –
der Bauer um den Schinken bangt.

*

Alle Jahre wieder
hat das Hühnchen Fieber.

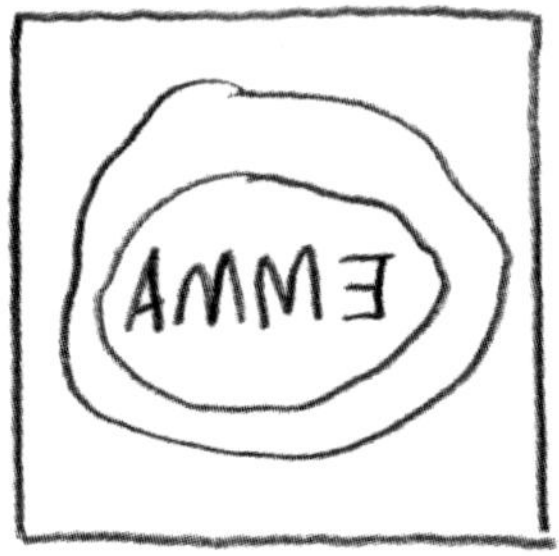

Emma verkehrt in schlechten Kreisen.

Erhard Dietl

Kichererbsen
Die besten Witze zum Schieflachen und Weitersagen

Witze, Scherzfragen, Schüler- und Lehrersprüche, Sprachspiele und nicht zuletzt eine »Witzmaschine« – Spaßvögel und Scherzkekse kommen hier voll auf ihre Kosten! Mit vielen witzigen Illustrationen von Erhard Dietl.

Arena

248 Seiten
Arena-Taschenbuch
ISBN 978-3-401-50171-0
www.arena-verlag.de

Erhard Dietl

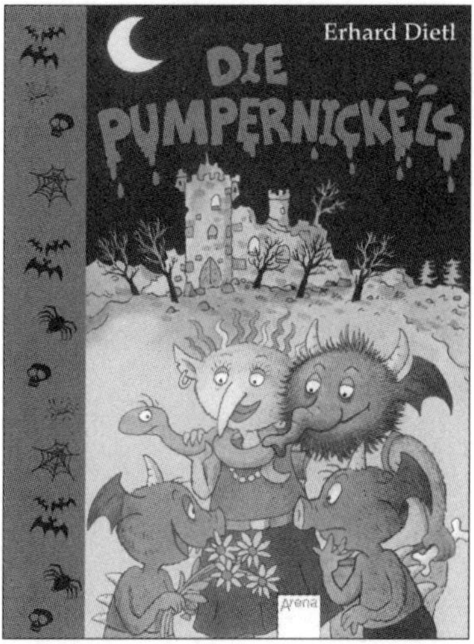

Die Pumpernickels

Die Pumpernickels sind eine liebenswert schräge Monsterfamilie, bei denen die Welt schon mal ein bisschen auf dem Kopf steht. Erhard Dietl erzählt mit großartigem Wortwitz und viel Humor von zwei ungleichen Brüdern, die ihre Eltern ganz schön in Atem halten …

Arena

88 Seiten
Arena-Taschenbuch
Mit farbigen Illustrationen
ISBN 978-3-401-50173-4
www.arena-verlag.de

Als Hörbuch bei Arena audio

Erhard Dietl

Knallfrösche
Die besten Tierwitze aller Zeiten

Kinder lieben Witze und werden diese grandiose Sammlung der besten Tierwitze aller Zeiten nicht mehr aus der Hand legen! Ein von Erhard Dietl illustriertes Witzfeuerwerk mit Lach- und Kichergarantie!

Arena

168 Seiten
Arena-Taschenbuch
ISBN 978-3-401-02294-9
www.arena-verlag.de